Uma Rathore Bhatt

Programação em Linguagem Assembly com o MICROCONTROLADOR 8051

Uma Rathore Bhatt

Programação em Linguagem Assembly com o MICROCONTROLADOR 8051

ScienciaScripts

Imprint

Cover image: www.ingimage.com

This book is a translation from the original published under ISBN 978-3-659-86596-1.

Publisher:
Sciencia Scripts
is a trademark of
Dodo Books Indian Ocean Ltd. and OmniScriptum S.R.L publishing group

120 High Road, East Finchley, London, N2 9ED, United Kingdom
Str. Armeneasca 28/1, office 1, Chisinau MD-2012, Republic of Moldova, Europe
Managing Directors: Ieva Konstantinova, Victoria Ursu
info@omniscriptum.com

Printed at: see last page
ISBN: 978-620-8-55268-8

Conteúdo

PREFÁCIO

Os microcontroladores são utilizados em diversas aplicações, como automóveis, aplicações industriais, jogos de vídeo, robótica, aplicações biomédicas, etc. Há uma grande variedade de microcontroladores disponíveis no mercado. O 8051 é um dos microcontroladores mais populares.

Este livro foi concebido para estudantes de licenciatura para estabelecer uma base para a programação em linguagem de montagem com o microcontrolador 8051. O livro contém os princípios básicos, a descrição dos pinos, o conjunto de instruções e a sua classificação, os registos de funções especiais e os seus formatos com uma descrição detalhada do microcontrolador 8051. O principal objetivo deste livro é inculcar o interesse pela programação em linguagem de montagem. É utilizada uma abordagem sistemática, passo a passo, para compreender a programação em linguagem de montagem. É fornecida uma literatura abrangente com informações pormenorizadas sobre o conjunto de instruções. A classificação das instruções é apresentada em formato de tabela com todas as informações necessárias. Isto facilita a aprendizagem.

Este livro contém seis capítulos e dois apêndices. No capítulo 1, é apresentada uma descrição exaustiva do 8051. Um conjunto de instruções detalhado que inclui informações sobre o funcionamento da instrução, o tamanho do byte, o ciclo de máquina necessário para executar a instrução. As diretivas necessárias e a sua descrição também estão incluídas neste capítulo. O Capítulo 2 centra-se na programação baseada em operações aritméticas. Nesta secção, são apresentados programas com comentários para compreender a programação em linguagem de montagem. Para tornar a aprendizagem interessante, são também incluídas perguntas de revisão e perguntas de exercício. Do mesmo modo, nos capítulos 3, 4, 5 e 6 é apresentada a programação em linguagem de montagem baseada na transferência de dados e na operação de ordenação, na utilização de tabelas de consulta e de portas, em diferentes operações efectuadas com recurso a interrupções, na comunicação em série e em várias aplicações e na aplicação de temporizadores, respetivamente. Cada capítulo inclui perguntas de revisão e perguntas de exercício. O Apêndice A inclui os passos necessários para executar o programa no software Keil. O Apêndice B contém os registos de funções especiais e os seus formatos.

Uma Rathore Bhatt

Capítulo 1

Introdução e conjunto de instruções do microcontrolador 8051

1.1 Introdução

O microcontrolador é um dispositivo programável que é utilizado principalmente para controlar as operações de uma máquina utilizando o programa armazenado na sua ROM. Há vários microcontroladores disponíveis no mercado. O 8051 é um dos microcontroladores mais populares e mais utilizados. O 8051 é um microcontrolador de 8 bits. Tem uma CPU (um microprocessador), para além de RAM, ROM, portas E/S, porta série, temporizadores e interrupções no chip. A frequência do cristal para o microcontrolador 8051 é de 11,0592 MHz para utilizar as facilidades de comunicação em série (uma vez que as taxas de transmissão padrão são 9600, 4800, etc.). Várias empresas internacionais, como a Intel, a Atmel, a Philips, a AMD, a Dallas Semiconductors, etc., fabricam e fornecem os microcontroladores da família 8051. As caraterísticas específicas do 8051 são enumeradas a seguir [1-3]:

. 4 KB de ROM no chip.

. 128 bytes de RAM no chip.

. 4 bancos de registos, cada um com 8 registos.

. Barramento de dados de 8 bits e barramento de endereços de 16 bits. O barramento de endereços de ordem inferior é multiplexado

com o barramento de dados.

. 32 registos de uso geral, cada um com 8 bits.

. 2 temporizadores (Temporizador 0 e Temporizador 1)

. 6 interrupções, das quais 3 são internas e 2 são externas.

. 1 porta de série.

. 16 bytes de RAM endereçável por bits.

. Contador de programa de 16 bits (PC) e ponteiro de dados (DPTR).

. Ponteiro de pilha (SP) de 8 bits, por defeito a localização de memória de SP é07H.

. Ciclo de instrução de 1,085 microssegundos com cristal de 11,0592 MHz.

. Arquitetura de memória Harvard.

1.2 Descrição dos pinos no 8051

Existem quatro portas de 8 bits: P0, P1, P2 e P3.

- **PORTA P0 (pinos 32 a 39)** - É uma porta E/S de 8 bits de uso geral quando a memória no chip está disponível. Para acesso à memória fora do chip, esta porta actua como barramento multiplexado (endereço/dados de ordem inferior) AD0-AD7 mostrado na Fig. 1.1.

- **PORTA P1 (Pinos 1 a 8)**: A porta P1 é uma porta de E/S de uso geral.

- **PORTA P2 (pinos 21 a 28)**: Com a memória no chip, a porta P2 é uma porta I/O de uso geral. Mas para acesso à memória fora do chip, actua como barramento de endereços de ordem superior, ou seja, A8-A15.

- **PORTA P3 (Pinos 10 a 17)**: A porta P3 actua como uma porta IO normal, mas a porta P3 tem funções adicionais, tais como pinos de transmissão e receção em série, 2 pinos de interrupção externa, 2 entradas de contador externo, pinos de leitura e escrita para acesso à memória.

O pino 40 é para VCC e o 20 para terra. Os pinos 18 e 19 são para o oscilador de cristal, o pino 30 -ALE, ou seja, a ativação do trinco de endereço, que é utilizado para desmultiplexar o endereço de ordem inferior e o barramento de dados. O pino 9 é o pino de reinicialização e o pino 31 está ligado a Vcc se o microcontrolador utilizar ROM no chip, caso contrário está ligado à terra. O pino 29 é um pino de saída que está ligado à ativação da saída da ROM de programa externa.

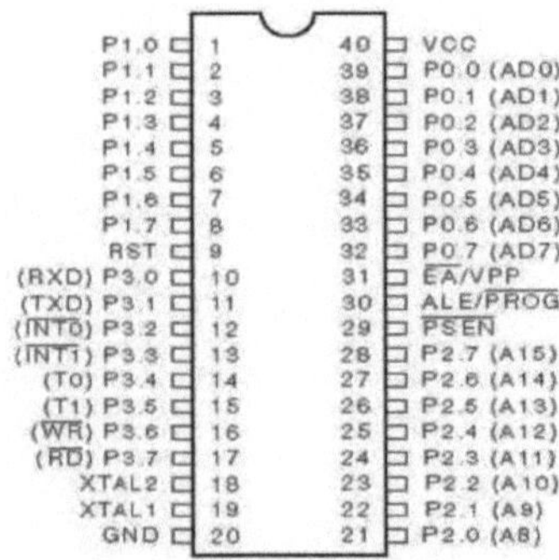

Diagrama de pinos do Intel 89C51

1.3 Visão geral de alguns outros microcontroladores

Caraterísticas	8031	8032	8051	8052	8751	89C51
Memória de programa (ROM) no chip	Não disponível	Não disponível	ROM 4K	8K ROM	4K EROM	Flash 4K
Memória de dados no chip (RAM)	128 bytes	256 bytes	128 bytes	256 bytes	128 bytes	128 bytes
N.º de portas I/O	4 (com 8 pinos cada)	4 (com 8 pinos cada)	4 (com 8 pinos cada)	4 (com 8 pinos cada)	4 (com 8 pinos cada)	4 (com 8 pinos cada)
N.º de temporizadores/contadores	2	3	2	3	2	2
Porta de série	1	1	1	1	1	1

1.4 Instruções e diretivas do 8051

A instrução é a combinação de Op-code (código operacional, que define o tipo de operação) e Operand (sobre a operação a efetuar). O conjunto de instruções do 8051 está classificado em 5 categorias [1-3]. As categorias são as seguintes:

- Operações aritméticas
- Operações lógicas
- Transferência de dados

- Manipulação de variáveis booleanas
- Operações de ramificação

Operações aritméticas: Nesta categoria, as instruções seguintes são [1-3].

Instrução	Funcionamento	Byte	Ciclo da máquina
ADICIONAR A, Rn ADD A, direto ADICIONAR A, @Ri ADICIONAR A,#DATA	Adição	1 2 1 2	1 1 1 1

ADDC A, Rn
ADDC A, direto
ADDC A, @Ri
	Adição com transporte inicial	1
		2
		1
			1
			1
			1

ADDC A,#DATA		2	1

SUBB A, Rn
SUBB A, direto
SUBB A, @Ri
SUBB A, # dados
	Subtração com empréstimo inicial	1
		2
		1
		2
			1
			1
			1
			1

INC A INC Rn INC direto INC @Ri	Incrementa o conteúdo do operando	1 1 2 1	1 1 1 1
DEC A DEC Rn DEC direto DEC @Ri	Diminuir o conteúdo do operando	1 1 2 1	1 1 1 1
DIV AB	Divida o byte do Acumulador (A) pelo byte	1	4

	no registo B. Após a divisão, o quociente estará em A e o resto estará em B.		
MUL AB	Multiplicar o byte do Acumulador (A) pelo byte do registo B. Após a multiplicação, o byte inferior do resultado será armazenado no registo A e o byte superior será armazenado no registo B.	1	4

Aqui direct é a posição de memória, bit é o bit direto da RAM endereçável por bit, A é o acumulador, Rn é qualquer registo de R0 a R7 de qualquer banco, #data é o byte de dados imediato e @ Ri é o conteúdo da posição de memória definida no registo 0 ou no registo 1 de qualquer banco.

Operações lógicas: Nesta categoria são apresentadas as seguintes instruções [1-3].

Instrução	Funcionamento	Byte	Ciclo da máquina
ANL A, Rn	Lógica AND entre os conteúdos	1	1
ANL A, direto ANL A, @Ri ANL A,#DATA ANL direto, A ANL direto ,#DATA	do operando	2 1 2 2 3	1 1 1 1 2
ORL A, Rn ORL A, direto ORL A, @Ri ORL A,#DATA ORL direto, A ORL direto ,#DATA	Lógica OR entre o conteúdo de operando	1 2 1 2 2 3	1 1 1 1 1 2
XRL A, Rn XRL A, direto	Lógica XOR entre os conteúdos do operando	1 2	1 1

XRL A, @Ri XRL A,#DATA XRL direto, A XRL direto ,#DATA		1 2 2 3	1 1 1 2
CLR A CPL A	Limpar A Complemento A	1 1	1 1
RL A RLC A RR A RLC A	Rodar o conteúdo de A para a esquerda Rodar o conteúdo de A para a esquerda através de transportar Rodar o conteúdo de A para a direita Rodar o conteúdo de A para a direita transportar	1 1 1 1	1 1 1 1
SWAP A	Troca de mordidelas dentro do A	1	1

Operações de transferência de dados: Nesta categoria são apresentadas as seguintes instruções [1-3].

Instrução	Funcionamento	Byt e	Ciclo da máquina

MOV A, Rn
 	
MOV A, direto
MOV A, @Ri
	Copiar o conteúdo da fonte para destino. Neste caso, o primeiro operando é o destino e o segundo é a fonte.	1
		
		2
		1
			1
			
			1
			1

MOV A,#DATA
MOV Rn, A
MOV Rn, direto
MOV Rn, #dados
MOV direto, A
MOV direto, Rn
MOV direto, direto
		2
		1
		2
		2
		2
		2
		3
			1
			1
			2
			1
			1
			2
			2

MOV direto, @Ri		2	2
MOV direto ,#DATA		3	2
MOV @Ri, A		1	1
MOV @Ri, direto		2	2
MOV @Ri, #data		2	2
MOV DPTR, # 16 bit dados	Mover byte de código relativo a DPTR para A	3	2
MOVCA, @ A+DPTR	Deslocar o byte de código relativo ao PC para A	1	2
MOVCA, @ A+PC	Mover a RAM externa (definida por 8	1	2
MOVX A, @Ri	endereço de bit) para A	1	2
MOVX A, @DPTR	Mover a RAM externa (definida por 16 endereço de bit) para A	1	2
MOVX @Ri , A	Mover A para a RAM externa (definido por endereço de 8 bits)	1	2
MOVX @DPTR , A	Mover A para a RAM externa (definido por endereço de 16 bits)	1	2
PUSH direto	Guardar byte direto na pilha	2	2
POP direto	Recuperar byte direto da pilha	2	2
XCH A, Rn	Troca o conteúdo do operando	1	1
XCH A, direto		2	1
XCH A, @Ri		1	1
XCHD A, @Ri	Troca do dígito de ordem inferior do operando	1	1

Manipulação de variáveis booleanas:

Nesta categoria, são apresentadas as seguintes instruções [1-3].

Instrução	Funcionamento	Byte	Ciclo da máquina
CLR C	Transporte claro	1	1

Bit CLR	Limpar bit direto	2	1
SETB C	Definir transporte	1	1
Bit SETB	Definir bit direto	2	1
CPL C	Complemento de transporte	1	1
Bit CPL	Complemento de bit direto	2	1
ANLC, bit	AND entre o transporte e o bit direto	2	2
ANLC, /bit	AND entre o transporte e o complemento do bit direto	2	2
ORLC, bit	OR entre o transporte e o bit direto	2	2
ORLC, /bit	OR entre o transporte e o complemento do bit direto	2	2
MOV C, bit	Mover o bit direto para o bit de transporte	2	1
Bit MOV, C	Mover o bit de transporte para o bit direto	2	2
JC rel	Saltar para o endereço relativo (8 bits) se o transporte estiver definido	2	2
JNC rel	Saltar para o endereço relativo (8 bits) se o transporte for reposto	2	2
JB bit, rel	Saltar para o endereço relativo (8 bits) se o bit direto estiver definido	3	2
bit JNB, rel	Saltar para o endereço relativo (8 bits) se o bit direto for reposto a zero	3	2
JBC bit, rel	Saltar para o endereço relativo (8 bits) se o bit direto estiver definido e o bit claro	3	2

Algumas instruções que não são válidas:

ADICIONAR A,A

SUBB A,A

INC #DATA

DEC #DATA

ANL A, A

ORL A, A

XRL A, A

CLR Rn

CPL #DATA

SWAP #DATA

MOV Rn, Rn

MOV @Ri, Rn

Operações de ramificação: Nesta categoria, são apresentadas as seguintes instruções [1-3].

Instrução	Funcionamento	Byte	Ciclo da máquina
ACALL 11 bit endereço	Chamada absoluta de sub-rotina	2	2
LCALL 16 bit endereço	Chamada longa de sub-rotina	3	2
RET	Regresso da sub-rotina	1	2
RETI	Regresso da interrupção	1	2
Endereço AJMP de 11 bits	Salto absoluto	2	2
LJMP Endereço de 16 bits	Salto em comprimento	3	2
Endereço do SJMP rel	Salto curto	2	2
JMP @A+DPTR	Salto indireto relativo a DPTR	1	2
JZ rel	Salta para o endereço relativo se A for zero	2	2
JNZ rel	Salta para o endereço relativo se A for zero	2	2
CJNE A, #data, rel	Comparar os dados imediatos com outros	3	2
CJNE Rn, #data, rel	operando (A, Rn, indireto), se não for igual	3	2
CJNE @Ri, #data, rel	do que saltar para o endereço rel.	3	2

DJNZ Rn, rel	Diminuir o teor de Rn ou de Rn direto e	2	2
DJNZ direto, rel	salta se o conteúdo não for igual a zero.	3	2
NOP	Sem operação	1	1

Diretivas: As seguintes diretivas são suportadas pelo 8051:

i. DB-Define byte: É utilizado para definir o tipo de dados de 8 bits.

ii. ORG-Origin: É utilizado para indicar o início do endereço de memória.

iii. EQU-Equivalente: Através desta diretiva, um valor constante pode ser definido por uma etiqueta.

iv. END: Indica o fim do programa.

Capítulo 2

Operação aritmética

Este capítulo inclui uma variedade de programas que se enquadram na categoria de operação aritmética. Também estão incluídas perguntas de revisão e perguntas de exercício para tornar a aprendizagem interessante.

2.1 Programas baseados em operações aritméticas

Nesta secção, são incluídos alguns exemplos para demonstrar a programação em linguagem de montagem baseada em operações aritméticas.

Q- 1] Escreva um programa (WAP) para adicionar dois números de 32 bits e armazenar o resultado na posição de memória 60H em diante.

PROGRAMA:

Etiqueta	Mnemónica	Operando	Comentário
	ORG	0000H	
	MOV	A,#32H	LSB do n.º de 32 bits
	MOV	R1,#5AH	LSB de outro não de 32 bits
	ADD	A,R1	Adicionar 32H & 5AH
	MOV	64,A	
	CLR	A	
	MOV	A,#98H	
	MOV	R2,#48H	
	ADDC	A,R2	Adicionar com transporte de
	MOV	63H,A	
	CLR	A	
	MOV	A,#7FH	
	MOV	R3,#0BCH	
	ADDC	A,R3	Adicionar com transporte de
	MOV	62H,A	

	CLR	A	
	MOV	A,#99H	
	MOV	R4,#0B4H	
	MOV	R5,#00H	
	ADDC	A,R4	Adicionar com transporte de
	JNC	PRÓXIMO	
	INC	R5	
PRÓXIMO:	MOV	61H,A	
	MOV	60H,R5	Transporte final a 60H
	FIM		

SAÍDA:

Operando A(32 bit no.) = 99 7F 9A 32H

Operando B(32 bit no.) = B4 BC 48 5AH Soma = 4E 38 E0 8CH [Localização=61,62,63,64H]

Transporte = 01H[Localização=60H]

A	B	R0	R1	R2	R3	R4	R5	R6	R7	SP	PC	DPTR	PSW
4E	00	00	5A	48	BC	B4	01	00	00	07	0026	0000	84H

LOCAIS DE RAM :

Endereço de memória	Conteúdo
60	01H
61	4EH
62	3BH
63	E0H
64	BCH

Q-2] Escreva um programa para subtrair dois números de 32 bits e armazenar o resultado na posição de memória 60H em diante.

PROGRAMA:

Etiqueta	Mnemónica	Operando	Comentário
	ORG	0000H	
	MOV	A,#25H	Carregar LSB do n.º de 32 bits
	MOV	R1,#17H	Carregar LSB de outro n.º.
	SUBB	A,R1	Subtrair com empréstimo
	MOV	63H,A	Resultado guardado em 63H
	CLR	A	
	MOV	A,#35H	
	MOV	R2,#49H	
	SUBB	A,R2	Subtrair com empréstimo
	MOV	A,#74H	
	MOV	R3,#0FAH	
	SUBB	A,R3	Subtrair com empréstimo
	MOV	61H,A	Resultado guardado em 61H
	CLR	A	
	MOV	A,#0B5H	MSB do n.º de 32 bits
	MOV	R4,#29H	MSB do n.º de 32 bits
	SUBB	A,R4	Subtrair com empréstimo
	JNC	PRÓXIMO	Na última subtração se
	CPL	A	ocorre o empréstimo, é adicionado
	INC	A	para a saída utilizando 2's
PRÓXIMO:	MOV	60H,A	Elogio
	FIM		

SAÍDA:

Operando A (32 bit no.) = B5 74 35 25H

Operando B (32 bit no.) = 29 FA 49 17H

Diferença = 88 79 EC 0EH[Localização=60,61,62,63H]

Empréstimo = 00[Localização=64H]

A	B	R0	R1	R2	R3	R4	R5	R6	R7	SP	PC	DPTR	PSW
8B	00	00	17	49	FA	29	00	00	00	07	0024	0000	40H

LOCAIS DE RAM :

Endereço de memória	Conteúdo
60	8BH
61	79H
62	ECH
63	0EH
64	00H

Q-3] Escreva um programa para calcular a média dos números dados que estão armazenados na posição de memória 400H-409H. Guarde a média na posição de memória 50H.

PROGRAMA:

Etiqueta	Mnemónica	Operando	Comentário
	ORG	0000H	
	MOV	DPTR,#400H	N.ºs salvos em 400H
	MOV	R0,#50H	
	MOV	R2,#0AH	
	MOV	R3,#00H	
NOVAMENTE:	MOVC	A,@A+DPTR	
	ADDC	A,R3	Adicionar todos os 10 n.ºs
	MOV	40H,A	
	CLR	A	
	MOV	R3,40H	

	INC	DPTR	
	DJNZ	R2,NOVAMEN TE	
	MOV	A,R3	
	MOV	8,#0AH	Para calcular a média,
	DIV	A,B	A soma dos n.ºs é dividida
	MOV	@R0,A	Por 10, ou seja, 0AH em média
	ORG	400H	Armazenado em 50H RAM
LER:	BD		
	FIM		

SAÍDA:

Média dos números dados= 0BH[Localização=50H]

A	B	R0	R1	R2	R3	R4	R5	R6	R7	SP	PC	DPTR	PSW
0B	08	50	00	00	70	00	00	00	00	07	0028	040A	00

LOCALIZAÇÕES ROM:

Endereço de memória	Conteúdo	Endereço de memória	Conteúdo
400	05H	405	09H
401	12H	406	14H
402	07H	407	02H
403	03H	408	09H
404	18H	409	15H

Q-4] Escreva um programa para contar o número de uns num dado número de 64 bits armazenado na posição de memória 70H em diante e guarde o resultado na posição de memória 80H.

PROGRAMA:

Etiqueta	Mnemónica	Operando	Comentário

	ORG	0000H	
	MOV	R0,#70H	Localização na RAM onde 64
	MOV	R1,#80H	O bit n.º é armazenado
	MOV	R2,#08H	
	CLR	C	
	MOV	R3,#08H	
	MOV	R4,#00H	
COUNT:	MOV	A,@R0	Loop para tomar 64bit
NOVAMENTE:	RRC	A	Rodar para a direita
	INC	REPETIR	passar para o controlo n.º 1
	INC	R4	N.º de 1's armazenados em R4
REPETIR:	DJNZ	R3,NOVAMENTE	
	INC	R0	
	DJNZ	R2,COUNT	
	MOV	A,R4	
	MOV	@R1,A	Guardar o número de 1's em 80H
	FIM		

SAÍDA:

Dado n.º[64 bit] = 24559A3BC0FF7C83H

N.º de unidades = 22H ou 34D

A	B	R0	R1	R2	R3	R4	R5	R6	R7	SP	PC	DPTR	PSW
22	00	77	80	00	00	22	00	00	00	07	0010	0000	00

LOCALIZAÇÕES RAM:

Endereço de memória	Conteúdo	Endereço de memória	Conteúdo
70	25H	74	C0H
71	55H	75	FFH

72	9AH	76	7CH
73	3BH	77	83H

Q-5] Escreva um programa para calcular AM, ou seja, a média aritmética [AM=(a+b)/2] e HM, ou seja, a média harmónica [HM=(2*a*b)/(a+b)] de dois números de 8 bits. Armazenar AM na posição de memória 50H e HM na posição de memória 52H.

Aqui a & b são os números dados.

PROGRAMA:

Etiqueta	Mnemónica	Operando	Comentário
	ORG	0000H	
	MOV	R0,#50H	
	MOV	R2,#09H	N.º de 8 bits - a
	MOV	R3,#14H	N.º de 8 bits - b
	MOV	A,R3	Para calcular o A.M.
	ADD	A,R2	
	MOV	R4,A	A.M. =(a + b) /2
	MOV	B,#02H	
	DIV	AB	
	MOV	@R0,A	Resultado da AM armazenado em
	INC	R0	50H & 51H RAM
	MOV	@R0,B	Localização
	MOV	A,R2	Para calcular H.M.
	MOV	B,R3	
	MUL	AB	
	MOV	B,#02H	H.M. = 2ab/(a+b)
	MUL	AB	
	MOV	B,R4	
	DIV	AB	

	INC	R0	Armazenar HM em ROM
	MOV	@R0,A	Localização 52 & 53H
	INC	R0	
	MOV	@R0,B	
	FIM		

SAÍDA:

Dado o n.º a = 25H

Dado o n.º b = 53H

AM=(a+b)/2 = 01 0EH [Localização= 51,50H]

HM=(2*a*b)/(a+b) = 11 03H [Localização= 53,52H]

A	B	R0	R1	R2	R3	R4	R5	R6	R7	SP	PC	DPTR	PSW
03	11	53	17	09	14	1D	00	00	00	07	002B	0000	00H

2.2 Perguntas de revisão

Q.1 :_ Se CY =1, A =95H e B =4FH antes da execução de "SUBB A, B", qual será o conteúdo de A após a subtração?

ANS: SUBB significa Subtrair com empréstimo.

Como, transporte = 1, A = 95H , B = 4FH

A-B-1 = 45H

Q.2: Qual é o intervalo de operandos assinados de tamanho de byte?

ANS: O intervalo de operandos assinados de tamanho de byte é de -128 a 127.

Q. 3: Explique a diferença entre um transporte e um transbordo.

RESP: Sempre que há um carry out do bit D7, num acumulador, a bandeira de carry é definida.

O bit de excesso é definido quando: (1) há um transporte de D6 para D7 mas não há transporte do bit D7 no acumulador (CY=0) e (2) há um transporte de D7 para fora

(CY=1) mas não há transporte de D6 para D7 no acumulador.

Q. 4: Encontre o conteúdo do registo A após a execução do seguinte código:

CLR A

ORL A,#99H

CPL A

ANS: CLR A = 0000 0000 H

ORL A, #99H= 00H OU 99H= 99H

CPL A = 66H

Q. 5: Porque é que "RLC R1" dá um erro no 8051?

ANS . "RLC R1" dá erro no microcontrolador 8051, porque todas as instruções de rotação funcionam apenas com o acumulador.

2.3 Perguntas do exercício

Q-1] Em que é que o microprocessador é diferente do microcontrolador?

Ans:

Q-2] Como é que as pilhas são acedidas no 8051?

Ans:

Q-3] Quais são as instruções que limpam o sinalizador de transporte no 8051?

Ans:

Q-4] Como podemos mudar de um banco de registos para outro no 8051?

Ans:

Q-5] Qual é a vantagem de utilizar a diretiva EQU para definir um valor constante?

Ans:

Capítulo 3

Transferência de dados e operação de ordenação

Este capítulo inclui uma variedade de programas que se enquadram na categoria de transferência de dados e operação de ordenação. Também estão incluídas perguntas de revisão e perguntas de exercício para tornar a aprendizagem interessante.

3.1 Programas baseados na transferência de dados e na operação de ordenação

Nesta secção, são incluídos alguns exemplos para demonstrar a programação em linguagem de montagem baseada na transferência de dados e na operação de ordenação.

Q-1] Escreva o conjunto de instruções para transferir o bloco de dados armazenado na posição de memória 50-5FH para 57-66H.

PROGRAMA:

Etiqueta	Mnemónica	Operando	Comentário
	ORG	0000H	
	MOV	R0,#5FH	05FH deslocado para R0
	MOV	R1,#66H	066H deslocado para R1
	MOV	R2,#0FH	0FH deslocado para R2
LOOP:	MOV	A,@R0	Valor em R0 mem. Loc. deslocado para acc
	MOV	@R1,A	Valor em acc movido para R1 mem.loc.
	DEC	R0	
	DEC	R1	
	DJNZ	R2,LOOP	Continuar até 0F vezes
	FIM		

SAÍDA:

A	B	R0	R1	R2	R3	R4	R5	R6	R7	SP	PC	DPTR	PSW
7B	00	50	57	00	00	00	00	00	00	07	0000	0000	00

LOCALIZAÇÕES RAM:

Endereço de memória	Conteúdo	Endereço de memória	Conteúdo
50'	7BH	5C	80H
51	7CH	5D	81H
52	7DH	5E	82H
53	7EH	5F	83H
54	7FH	60	84H
55	80H	61	85H
56	81H	62	86H
57	7BH	63	87H
58	7CH	64	88H
59	7DH	65	89H
5A	7EH	66	8AH
5B	7FH		

Q-2] Escreva um programa para encontrar o número mais pequeno da série de cinco números a partir da posição 300H. Armazene o resultado na posição de memória 40H.

PROGRAMA:

Etiqueta	Mnemónica	Operando	Comentário
	ORG	0000H	
	MOV	R2,#04H	
	MOV	R0,#00H	
	MOV	DPTR,#300H	Localização da memória inicializada
	MOV	A,R0	
	MOVC	A,@A+DPTR	Incremento de localização

	MOV	B,A	
REPETIR:	INC	R0	
	MOV	A,R0	
	MOVC	A,@A+DPTR	
	MOV	R3,A	
	SUBB	A,B	
	JC	SWAP	Troca se for gerado um transporte
PRÓXIMO:	DJNZ	R2,REPETIR	
	MOV	R4,B	
	MOV	40H,B	
SWAP:	MOV	B,R3	
	SJMP	PRÓXIMO	Salto curto para NEXT
	ORG	300H	
LER:	BD	04H,02H,09H,0AH,01H	Dados armazenados de 300H
	FIM		

SAÍDA:

Resultado= 01H[Localização= 40H]

A	B	R0	R1	R2	R3	R4	R5	R6	R7	SP	PC	DPTR	PSW
0FF	01	04	00	00	01	01	00	00	00	07	0019	0300	0C0H

LOCALIZAÇÕES ROM:

Endereço de memória	Conteúdo
300H	04H
301H	02H
302H	09H
303H	0AH
304H	01H

Q-3] Escreva um programa para encontrar o maior número da série de cinco números a partir da posição 300H. Armazene o resultado na posição de memória 40H.

PROGRAMA:

Etiqueta	Mnemónica	Operando	Comentário
	ORG	0000H	
	MOV	R2,#04H	
	MOV	R0,#00H	
	MOV	DPTR,#300H	Localização da memória inicializada
	MOV	A,R0	
	MOVC	A,@A+DPTR	Incremento de localização
	MOV	B,A	
REPETIR:	INC	R0	
	MOV	A,R0	
	MOVC	A,@A+DPTR	
	MOV	R3,A	
	SUBB	A,B	
	JNC	SWAP	Troca se for gerado um transporte
PRÓXIMO:	DJNZ	R2,REPETIR	
	MOV	R4,B	
	MOV	40H,B	
SWAP:	MOV	MOV B,R3	
	SJMP	PRÓXIMO	Salto curto para NEXT
	ORG	300H	
LER:	BD	06H,0BH,09H,0AH,01H	Dados armazenados de 300H
	FIM		

SAÍDA:

Resultado= 0BH [Localização= 40H]

A	B	R0	R1	R2	R3	R4	R5	R6	R7	SP	PC	DPTR	PSW
0F5	0B	04	00	00	01	0B	00	00	00	07	0026	0300	0C0H

LOCALIZAÇÕES ROM:

Endereço de memória	Conteúdo
300H	06H
301H	0BH
302H	09H
303H	0AH
304H	01H

Q-4] Escreva um programa para organizar uma matriz de números por ordem crescente armazenada na posição de memória 70H em diante.

PROGRAMA:

Etiqueta	Mnemónica	Operando	Comentário
	ORG	0000H	
	MOV	R2,#04H	
	MOV	R3,#04H	
NOVAMENTE:	MOV	R0,#70H	
	MOV	R1,#71H	
REPETIR:	MOV	A,@R0	Valor em R0 mem.loc. deslocado
			para aceder
	MOV	B,A	
	MOV	A,@R1	Valor em R1 mem.loc. deslocado para acc
	SUBB	A,B	
	JC	SWAPPING	Saltar para a troca se ocorrer

			um transporte
PRÓXIMO:	INC	R0	
	INC	R1	
	DJNZ	R2,REPETIR	Dec R2 E jmp para REPETIR se não for zero
	MOV	A,R3	
	MOV	R4,#01H	
	SUBB	A,R4	
	MOV	R2,A	
	DJNZ	R3,NOVAMENTE	Dec R3 E jmp para AGAIN se não for zero
DESLOCAMENTO	MOV	A,@R1	
	MOV	@R0,A	
	MOV	A,B	
	MOV	@R1,A	
	SJMP	PRÓXIMO	Salto curto para NEXT
	FIM		

SAÍDA:

A	B	R0	R1	R2	R3	R4	R5	R6	R7	SP	PC	DPTR	PSW
00	01	71	72	00	00	01	00	00	00	07	0027	0000	00H

LOCALIZAÇÕES RAM:

Antes da triagem ***Depois da triagem***

Localização da memória	Conteúdo	Localização da memória	Conteúdo
70	0EH	70	01H
71	09H	71	04H
72	OFFH	72	09H
73	04H	73	OEH

74	O1H	74	OFFH

Q-5] Escreva um programa para organizar uma matriz de números por ordem decrescente armazenada na posição de memória 70H em diante.

PROGRAMA:

Etiqueta	Mnemónica	Operando	Comentário
	ORG	0000H	
	MOV	R2,#04H	
	MOV	R3,#04H	
NOVAMENTE:	MOV	R0,#70H	
	MOV	R1,#71H	
REPETIR:	MOV	A,@R0	Valor em R0mem. Local. Movido para A
	MOV	B,A	
	MOV	A,@R1	
	SUBB	A,B	
	JNC	SWAPPING	Salta para SWAPPING se carry=0
PRÓXIMO:	INC	R0	
	INC	R1	
	DJNZ	R2,REPETIR	DecR2 e jmp para REPEAT se não for 0
	MOV	A,R3	
	MOV	R4,#01H	
	SUBB	A,R4	
	MOV	R2,A	
	DJNZ	R3,NOVAMENTE	DecR3 e jmp para REPEAT se não for 0
SWAPPING	MOV	A,@R1	
	MOV	@R0,A	

	MOV	A,B	
	MOV	@R1,A	
	SJMP	PRÓXIMO	Salto curto para NEXT
	FIM		

SAÍDA:

A	B	R0	R1	R2	R3	R4	R5	R6	R7	SP	PC	DPTR	PSW
00	0E	71	72	00	00	00	00	00	00	07	0027	0000	00H

LOCALIZAÇÕES RAM:

Antes da triagem ***Depois da triagem***

Localização da memória	Conteúdo	Localização da memória	Conteúdo
70	0EH	70	0FFH
71	09H	71	0EH
72	0FFH	72	09H
73	04H	73	04H
74	01H	74	01H

3.2 Perguntas de revisão

Q. 1: Explique a diferença entre ACALL e LCALL ?

RESP: LCALL significa long call e é uma instrução de 3 bytes.

ACALL significa chamada absoluta e é uma instrução de 2 bytes. Em ACALL apenas os primeiros 11 bits de 2 bytes são utilizados para endereçamento.

Q. 2: Descreva a diferença entre RET e RETI?

RESP: RET é o retorno de uma sub-rotina e RETI é o retorno de uma rotina de serviço. Ambos executam a mesma operação de colocar os 2 bytes superiores da pilha no contador de programa e fazer com que o 8051 retorne ao ponto de partida. Mas RETI também executa uma tarefa adicional de limpar a bandeira de interrupção em serviço, indicando que o serviço de interrupção terminou e o 8051 está agora pronto para aceitar uma nova interrupção naquele pino, o que não é uma função de RET.

Q.3: Que registos podem ser utilizados para o modo de endereçamento indireto de registos se os dados estiverem na RAM no chip?

ANS : Os registos R0 e R1 são utilizados para o modo de endereçamento indireto do registo, se os dados estiverem na ROM da pastilha.

Q. 4: Como é que se verifica se o bit D0 de R3 é alto ou baixo?

RESP: Como R3 não é um registo endereçável por bits, podemos utilizar a instrução

MOV A,R3

JNB ACC.0

Assim, observando a instrução JNB ACC.0, podemos verificar D0 do registo R3.

Q. 5: Explique a arquitetura detalhada de uma RAM de 128 bytes.

RESP: Na memória RAM, as posições 00-1F estão reservadas para os bancos de registos, ou seja, 00-07 = Banco 0,

08-0F = Banco 1, 10-17 = Banco 2, 18-1F = Banco 3. As posições de memória 20-2F são utilizadas como RAM endereçável por bits e as restantes, ou seja, 30-7F, são utilizadas como bloco de rascunho para uso geral.

3.3 Perguntas de exercício

Q-1] Qual é a importância da operação de um único bit?

Ans:

Q-2] Qual é a diferença entre as instruções de salto e de chamada?

Ans:

Q-3] Que instruções são utilizadas para operações de um só bit?

Ans:

Q-4] Qual é a diferença entre as instruções LJMP e SJMP?

Ans:

Q-5] Qual é a função da diretiva "DB"?

Ans:

Capítulo 4

Diferentes operações efectuadas utilizando a tabela de pesquisa e portas

Neste capítulo, é demonstrada a utilização de tabelas de consulta e de portas. São também incluídas perguntas de revisão e perguntas de exercício para tornar a aprendizagem interessante.

4.1 Programa baseado em diferentes operações efectuadas através de tabelas e portas

Nesta secção, são incluídos alguns exemplos para demonstrar a programação em linguagem de montagem com base em diferentes operações realizadas utilizando a tabela de consulta e os portos.

Q-1] Escreva um programa para mostrar caracteres ASCII na porta 2 que são guardados na posição de memória 300H em diante.

PROGRAMA:

Etiqueta	Mnemónica	Operando	Comentário
	ORG	0000H	
	MOV	DPTR,#300H	DPTR inicializado a partir de 300H
	MOV	R1,#08H	
PRÓXIMO:	CLR	A	
	MOVC	A,@A+DPTR	Endereço de localização em A
	MOV	P2,A	
	INC	DPTR	DPTR aumentou
	DJNZ	R1,NEXT	
	ORG	300H	
LER:	BD		Dados pré-armazenados

	"ENGENHEIRO		
	FIM		

SAÍDA:

A	B	R0	R1	R2	R3	R4	R5	R6	R7	SP	PC	DPTR	PSW
52	00	53	00	00	00	00	00	00	00	07	0017	0308	01H

LOCALIZAÇÕES ROM:

Endereço de memória	Conteúdo
301H	'E'
301H	'N'
302H	'G'
303H	'I'
304H	'N'
305H	'E'
306H	'E'
307H	'R'

Q-2] Escreva um programa para verificar se a cadeia de caracteres de um dado comprimento armazenada na posição 50H da RAM em diante é palíndromo ou não. Em caso afirmativo, indicar "Y" na porta 1, caso contrário "N" na porta 1.

[DICA : Palíndromo como "MALAYALAM"].

PROGRAMA:

Etiqueta	Mnemónica	Operando	Comentário
	ORG	0000H	
	MOV	R2,#05H	Valor 05H deslocado para R2
	MOV	R0,#50H	Valor 50H deslocado para R0
	MOV	R1,#58H	Valor 58H deslocado para R1
	MOV	A,@R0	Valor em R0 mem.loc. deslocado

			para A
VOLTAR:	MOV	B,@R1	Valor em R1 mem.loc. deslocado para B
	CJNE	A,B,NEXT	Comparar A & B, se não forem iguais, saltar para NEXT
	INC	R0	
	DEC	R1	
	DJNZ	R2,BACK	
	MOV	P1,#'Y'	Enviar o carácter "Y" para a porta 1
	SJMP	PRÓXIMO1	
PRÓXIMO:	MOV	P1,#'N'	Enviar o carácter "N" para a porta 1
PRÓXIMO1	NOP		
	FIM		

SAÍDA:

A	B	R0	R1	R2	R3	R4	R5	R6	R7	SP	PC	DPTR	PSW
'Y'	'Y'	55	55	00	00	00	00	00	00	07	------- -	0000	00H

LOCALIZAÇÕES RAM:

Endereço de memória	Conteúdo
50H	'M'
51H	'A'
52H	'L'
53H	'A'
54H	'Y'
55H	'A'
56H	'L'
57H	'A'

58H	'M'

Q-3] Escreva um programa para encontrar y, em que $y=x^3+2*x^2+5*x+7$ e x pode ter qualquer valor entre 0 e 9. Dê o resultado na porta 2.

Dica: Para um valor x individual, guardar o valor de y numa localização ROM diferente. **PROGRAMA:**

Etiqueta	Mnemónica	Operando	Comentário
	ORG	0000H	
	MOV	A,#0FFH	
	MOV	P0,A	Porta 0 como entrada
	CLR	A	
	MOV	DPTR,#400H	
	MOV	A,P0	
	MOVC	A,@A+DPTR	Valor @ localização para A
	MOV	P2,A	
	ORG	400H	
DADOS:	BD	07H, 0FH,21H, 43H,7BH,0CFH, 45H,	Dados pré-armazenados, aqui são armazenados até x=7 y correspondentes. Pode guardar, correspondendo a y, até 9.
	FIM		

SAÍDA:

A equação dada é $y=x^3+2*x^2+5*x+7$

Para x=1, y= 0FH [guardado em P2] x=5, y = 0CFH

A	B	R0	R1	R2	R3	R4	R5	R6	R7	SP	PC	DPTR	PSW
0FH	00	00	00	00	00	00	00	00	00	07	0011	400	00

LOCALIZAÇÕES ROM:

Endereço de memória	Conteúdo	Endereço de memória	Conteúdo
400	07H	404	7BH
401	0FH	405	0CFH
402	21H	406	45H
403	43H		

Q-4] Escreva um programa para converter o número BCD armazenado na posição de memória 60H num código ASCII equivalente e guarde o resultado na posição de memória 70H em diante.

PROGRAMA:

Etiqueta	Mnemónica	Operando	Comentário
	ORG	0000H	
	MOV	R0,#60H	
	MOV	R1,#70H	
	MOV	A,@R0	Dados armazenados em 60H a A
	MOV	R2,A	
	ANL	A,#0FH	Mascaramento de cinco MSBs
	ORL	A,#30H	
	MOV	R6,A	
	MOV	A,R2	
	ANL	A,#0F0H	Mascaramento de quatro MSBs
	RR	A	
	RR	A	
	RR	A	
	RR	A	
	RR	A	Rodar A 4 vezes
	ORL	A,#30H	
	MOV	@R1,A	Deslocar o valor de A em 70H
	INC	R1	

	MOV	A,R0	
	MOV	@R1,A	Deslocar o valor de A em 71H
	FIM		

SAÍDA:

Dado o n.º BCD = 38 [Localização= 60H]

N.º ASCII equivalente = '33' '38' [Localização= 70,71 H]

A	B	R0	R1	R2	R3	R4	R5	R6	R7	SP	PC	DPTR	PSW
38	00	60	71	38	00	00	00	38	00	07	001C	0000	01H

Q-5] Escreva um programa para encontrar a F.C.H. de dois números de 8 bits e guarde o resultado na posição de memória 50H.

PROGRAMA:

Etiqueta	Mnemónica	Operando	Comentário
	ORG	0000H	
	MOV	R0,#08H	Valor 08H deslocado R0
	MOV	R1,#04H	Valor 04H deslocado R1
	MOV	A,R0	Valor de R0 movido A
	MOV	B,R1	Valor de B deslocado R1
VOLTAR:	DIV	AB	
	CJNE	B,#00H,LOOP	Comp B com 0 se não for igual salta em LOOP
	SJMP	ACABAMENTO	Salto curto para o fim do programa
LOOP:	MOV	A,R1	
	SJMP	VOLTAR	
	MOV	50H,A	Resultado transferido para a localização 50H
ACABAMENTO:	FIM		

SAÍDA:

Dado n.º. A= 08H

Dado n.º. B= 04H

HCF de dois n.ºs dados = 04H [Localização= 50H]

A	B	R0	R1	R2	R3	R4	R5	R6	R7	SP	PC	DPTR	PSW
04	00	08	04	00	00	00	00	00	00	07	000F	0000	00H

4.2 Perguntas de revisão

P.1: Escreva o código ASCII equivalente de um número BCD 67H

RESP: BCD empacotado = 67H

BCD não embalado = 06H & 07H

ASCII = 36H & 37H

67H em BCD quando convertido para ASCII dá 36H e 37H.

Q. 2: Para o número decimal seguinte. dê a representação BCD compactada e a representação BCD não compactada.

(a) 15 (b) 99

RESP: (a). Para o número decimal 15,

O BCD embalado é 15H e,

O BCD não embalado é 01H e 05H.

(b) Para o n.º decimal 99,

O código BCD embalado é 99H e,

O BCD não embalado é 09H e 09H.

Q. 3: Os endereços de memória nos computadores são _ (sem sinal / com sinal).

RESP: Os endereços de memória no computador são assinados.

Q. 4: Represente -16H na sua forma de complemento de 2.

RESP: Encontrar o complemento de 2.

16H = 0001 0110 H

Complemento de 1 = 1110 1001 H

Adicionar 1 para obter o complemento de 2 = 1110 1010 H

Por conseguinte, o complemento de 2 de 16H é EAH.

Q. 5: O que estará no registo A após a execução desta instrução:

MOV A, #85H

SWAP A

ANL A,#0F0H

ANS: MOV A,#85H ------ 1

SWAP A ----------- 2

ANL A,#0F0H ------------- 3

A instrução 1 armazena 85H no acumulador.

A instrução 2 troca o nibble superior com o nibble inferior do acumulador, deixando o conteúdo como 58H.

A instrução 3 efectua a operação lógica AND no acumulador, pelo que o conteúdo final do acumulador é 50H.

4.3 Perguntas de exercício

Q-1] Indique uma vantagem do modo de endereçamento indireto de registos em relação ao modo de endereçamento direto.

Ans:

Q-2] Que sinalizadores são afectados pelas instruções DIV e MUL?

Ans:

Q-3] Como é que o funcionamento em pilha do microcontrolador 8051 é diferente do microprocessador?

Ans:

Q-4] Descrever os diferentes modos de endereçamento do microcontrolador 8051.

Ans:

Q-5] O PC (contador de programas) também está disponível nos formatos de byte baixo e byte alto?

Ans:

Capítulo 5

Diferentes operações com interrupções, comunicação em série e várias aplicações

Este capítulo inclui uma variedade de programas que incluem as caraterísticas incorporadas do microcontrolador. Também estão incluídas perguntas de revisão e perguntas de exercício para tornar a aprendizagem interessante.

5.1 Programa baseado em diferentes operações usando interrupção, comunicação serial e várias aplicações

Nesta secção, são incluídos alguns exemplos para demonstrar a programação em linguagem de montagem com base em diferentes operações realizadas utilizando a interrupção, a comunicação em série e várias aplicações. Os registos de funções especiais (SFR) utilizados para a interrupção e a comunicação em série são apresentados no apêndice 2. Neste apêndice, são também apresentados os formatos dos SFR.

Q-1] Escreva um programa para gerar os primeiros dez n.ºs da série de Fibonacci e guardá-los a partir de 70H.

PROGRAMA:

Etiqueta	Mnemónica	Operando	Comentário
	ORG	0000H	
	MOV	R0,#70H	
	MOV	@R0,#00H	00H armazenado em 70H
	INC	R0	
	MOV	@R0,#01H	01H armazenado em 71H
	MOV	R2,#08H	
PRÓXIMO:	MOV	A,@R0	Valor transferido de @R0 para A
	DEC	R0	

	ADD	A,@R0	
	INC	R0	
	INC	R0	
	MOV	@R0,A	
	DJNZ	R2,NEXT	Rotina para o elemento seguinte
	FIM		

SAÍDA:

A	B	R0	R1	R2	R3	R4	R5	R6	R7	SP	PC	DPTR	PSW
22	00	79	00	00	00	00	00	00	00	07	0010	0000	40H

LOCALIZAÇÕES RAM:

Endereço de memória	Conteúdo	Endereço de memória	Conteúdo
70	00H	75	05H
71	01H	76	08H
72	01H	77	0DH
73	02H	78	15H
74	03H	79	22H

Q-2] Escreva um programa para encontrar o fatorial do dígito 5 e armazenar o resultado na posição de memória 60H.

PROGRAMA:

Etiqueta	Mnemónica	Operando	Comentário
	ORG	0000H	
	MOV	R0,#60H	
	MOV	R2,#05H	N.º fatorial necessário movido para R2
	MOV	A,R2	
	DEC	R2	

NOVAMENTE:	MOV	B,R2	
	MUL	AB	
	DJNZ	R2,NOVAMENTE	Looping até R2=01H
	MOV	@R0,A	
	FIM		

SAÍDA:

Dado n.º = 05H

Fatorial do número dado = 78H ou 120D [Localização= 60H]

A	B	R0	R1	R2	R3	R4	R5	R6	R7	SP	PC	DPTR	PSW
78	00	60	00	00	00	00	00	00	00	07	0017	0000	00H

Q-3] Escreva um programa para transferir a cadeia "DAVV" em série a 9600 baud, 8 bits de dados, 1 stop-bit e 1 start-bit. Transfira a cadeia 5 vezes.

PROGRAMA:

Etiqueta	Mnemónica	Operando	Comentário
	ORG	0000H	
	MOV	R1,#05H	
	MOV	TMOD,#20H	Temporizador 1, modo2
	MOV	TH1,#0FDH	9600 baud
	MOV	SCON,#50H	Configurar o registo SCON
	SETB	TR1	Iniciar o temporizador
NOVAMENTE:	MOV	A,#'D'	Transferência "D"
	ACALL	TRANS	
	MOV	A,#'A'	Transferência "A"
	ACALL	TRANS	
	MOV	A,#'V'	Transferência "V"
	ACALL	TRANS	
	MOV	A,#'V'	Transferência "V"

	ACALL	TRANS	
	DJNZ	R1,NOVAMENTE	
TRANS:	MOV	SBUF,A	Carregar SBUF
AQUI:	JNB	TI,AQUI	Aguardar a transferência do último bit
	CLR	TI	Preparar para o próximo byte
	RET		
	FIM		

SAÍDA:

Saída no registo SBUF= DAVV DAVV DAVV DAVV DAVVV DAVVV

O valor armazenado no byte de ordem superior do temporizador 1= -3D, ou seja, 0FDH é guardado em TH1 utilizando a taxa de transmissão de 9600 (28800/9600 = 3).

A	B	R0	R1	R2	R3	R4	R5	R6	R7	SP	PC	DPTR	PSW
'V'	00	00	00	00	00	00	00	00	00	07	0015	0000	00H

Q-4] Escreva um programa em que o 8051 lê os dados de P2 e os escreve na porta P3 continuamente, ao mesmo tempo que dá uma cópia dos mesmos à porta de comunicação série (i.e. SBUF) para serem transferidos em série. Fixe a taxa de transmissão em 9600 e assuma XTAL=11,0592 MHz [ref. 2].

PROGRAMA:

Etiqueta	Mnemónica	Operando	Comentário
	ORG	0000H	
	LJMP	PRINCIPAL	
	ORG	0023H	
	LJMP	SÉRIE	Salto em comprimento para ISR de série
	ORG	0030H	
PRINCIPAL:	MOV	P2,#0FFH	Tornar P2 numa porta de

			entrada
	MOV	TMOD,#20H	Temporizador1 em modo de recarga automática
	MOV	TH1,#0FDH	Definir taxa de transmissão =9600
	MOV	SCON,#50H	Configurar o registo SCON
	MOV	IE,#90H	Ativar a interrupção série
	SETB	TR1	Iniciar o temporizador 1
VOLTAR:	MOV	A,P2	Ler dados da porta 2
	MOV	SBUF,A	Dar uma cópia ao SBUF para comunicação em série
	MOV	P3,A	Escreve o conteúdo de A na porta 3
	SJMP	VOLTAR	Permanência por tempo indeterminado
	ORG	0250H	
SÉRIE:	JB	TI,TRANS	Saltar para TRANS se TI estiver definido
	MOV	A,SBUF	De outro modo, recebe os dados de série e faz uma cópia em A
	CLR	RI	Limpar RI, uma vez que RETI não o limpa.
	RETI		Regresso
TRANS:	CLR	TI	Limpar TI
	RETI		Regresso da ISR
	FIM		Fim do programa

SAÍDA:

Tipo de interrupção utilizada= É utilizada a interrupção de comunicação série (RI & TI).

O valor armazenado no byte de ordem superior do temporizador 1= -3D, ou seja, 0FDH é guardado em TH1 utilizando a taxa de transmissão de 9600 (28800/9600 = 3).

A	B	R0	R1	R2	R3	R4	R5	R6	R7	SP	PC	DPTR	PSW
12	00	00	00	00	00	00	00	00	00	07	001A	0000	00H

Q-5] Escreva um programa para desenhar um padrão de LEDs ligados na porta 0 de acordo com os seguintes padrões (cada um 3 vezes) :

0 0 0 0 0 0 0 0

1 1 1 1 1 1 1 1

0 0 0 0 1 1 1 1

1 1 1 1 0 0 0 0

0 1 0 1 0 1 0 1

1 0 1 0 1 0 1 0

em que **0** significa LED LIGADO e **1** significa LED DESLIGADO.

PROGRAMA:

Etiqueta	Mnemónica	Operando	Comentário
	ORG	0000H	
	MOV	TMOD,#10H	TMOD configurado. Timer1mode1
	MOV	TH1,#0FFH	Contagem inicializada
	MOV	TL1,#0FFH	Contagem inicializada
	MOV	R0,#03H	
	MOV	P0,#00H	
NOVAMENTE1:	SETB	TR1	
	MOV	P0,#0FFH	Configurado como todos os LEDs acesos
AQUI1:	JNB	TF1,HERE1	
	CLR	TF1	

	SETB	TR1	
	MOV	P0,#00H	Configurado como todos os LEDs desligados
AQUI2:	JNB	TF1,HERE2	
	CLR	TF1	
	DJNZ	R0,AGAIN1	
NOVAMENTE2:	SETB	TR1	
	MOV	P0,#0F0H	Configurado como 3rd linha
AQUI3:	JNB	TF1,HERE3	
	CLR	TF1	
	SETB	TR1	
	MOV	P0,#0FH	Configurado como 4th row
AQUI4:	JNB	TF1,AQUI4	
	CLR	TF1	
	DJNZ	R0,AGAIN2	
NOVAMENTE3:	SETB	TR1	
	MOV	P0,#0AAH	Configurado como 5ª quinta linha
AQUI5:	JNB	TF1,HERE5	
	CLR	TF1	
	SETB	TR1	
	MOV	P0,#55H	Configurado como 6ª fila
AQUI6:	JNB	TF1,AQUI6	
	CLR	TF1	
	DJNZ	R0,AGAIN3	
	FIM		

5.2 Perguntas de revisão

Q. 1: Explicar a diferença entre métodos de polling e interrupção.

RESP: No polling, o controlador tem de monitorizar continuamente o estado de um determinado dispositivo e, quando a condição é satisfeita, executa o serviço. No caso da interrupção, sempre que um dispositivo necessita do seu serviço, tem de notificar o controlador enviando um sinal de interrupção. Depois de o receber, o controlador interrompe o que está a fazer e atende o pedido.

Q. 2: Quais são os endereços atribuídos a diferentes interrupções na tabela de vectores de interrupção?

ANS:

Tipo de interrupções	Endereço atribuído
REINICIAR	0000H
INTERRUPÇÃO EXTERNA 0 [INTO]	0003H
INTERRUPÇÃO DO TEMPORIZADOR 0 [TF0]	000BH
INTERRUPÇÃO EXTERNA 1 [INT1]	0013H
INTERRUPÇÃO DO TEMPORIZADOR 1 [TF1]	001BH
SÉRIE COMUNICAÇÃO INTERRUPÇÃO [ES]	0023H

Q. 3: O CLR TF0 é necessário antes da execução do RETI? Justifique a sua resposta.

RESP: Não, não é necessário limpar o sinalizador do temporizador, ou seja, a instrução CLR TF0, uma vez que isso é efectuado pela instrução RETI.

Q. 4: Indique o formato do registo IE. Que interrupção pertence a que número PIN do microcontrolador?

ANS:

REGISTO IE

EA	--	ET2	ES	ET1	EX1	ET0	EX0

PIN NO.	DESCRIPTION
10	RxD [P3.0]
11	TxD [P3.1]
12	INTO [P3.2]
13	INTI [P3.3]
14	T0 [P3.4]
15	T1 [P3.5]
16	WR [P3.6]
17	RD [P3.7]

Q. 5: Que registo regista a prioridade das interrupções no 8051? É um registo endereçável por bits?

ANS . O registo IP mantém o registo da prioridade de interrupção no 8051. Sim, este é um registo endereçável por bits.

5.3 Perguntas do exercício

Q-1] Encontrar o equivalente ASCII dos seguintes caracteres:

a) # b)^ c) < d) **%** e) @ f) **&**

Ans:

Q-2] Como é que se pode duplicar a velocidade de transmissão do 8051?

Ans:

Q-3] Qual é a vantagem das interrupções em relação ao método de polling?

Ans:

Q-4] Como é que a prioridade de interrupção pode ser alterada?

Ans:

Capítulo 6

Geração de ondas usando temporizador

Este capítulo demonstra a funcionalidade de temporizador do microcontrolador. Neste capítulo, são apresentados exercícios relacionados com a aplicação do temporizador. São também incluídas perguntas de revisão e perguntas de exercícios para tornar a aprendizagem interessante.

6.1 Programa baseado na aplicação do temporizador

Nesta secção, são apresentados programas relacionados com a aplicação de temporizadores. O temporizador 0 e o temporizador 1 são utilizados no modo 1 (temporizador de 16 bits) ou no modo 2 (temporizador de 8 bits com recarga automática). O formato dos registos de funções especiais (SFR) utilizados para o temporizador é apresentado no apêndice 2.

Q-1] Gerar o seguinte padrão de onda de forma contínua. O primeiro ciclo do padrão tem um período de tempo de 60 ms e os restantes 5 ciclos têm um período de tempo de 20 ms em qualquer um dos pinos de qualquer uma das portas. Assuma que a frequência XTAL= 11,0592MHz.

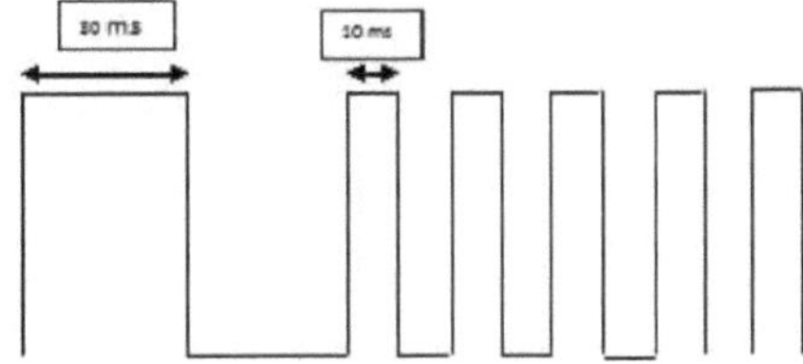

PROGRAMA:

Etiqueta	Mnemonics	Operando	Comentário
	ORG	0000H	Define a origem
REINICIAR	SETB	PX.y	Escolha qualquer pino de

			qualquer porta para gerar o padrão de onda
	MOV	R1, #03D	Para um período elevado
	MOV	TMOD, #01H	Selecionar Temporizador 0, modelo
REPETIR:	MOV	R0,#03D	Para um período baixo
NOVAMENTE1:	MOV	TL0,#Mais baixo ordem byte	Calcular o byte de ordem inferior e de ordem superior para um atraso de 10 ms. Carregar em TL0 e em TH0.
	MOV	TH0,#Superior encomendar byte	
	SETB	TR0	Iniciar o temporizador
NOVAMENTE:	JNB	TF0,NOVAMENTE	Esperar até que a bandeira seja apagada
	CLR	TR0	Parar o temporizador
	CLR	TF0	Bandeira clara
	DJNZ	R0,AGAIN1	Repetir o ciclo
	CPL	PX.y	Elogiar o PX.y
	DJNZ	R1,REPETIR	Parar depois de decorridos 1 períodos de 30ms
	SETB	PX.y	Sequência de arranque de 5 impulsos de T=20ms
	MOV	R1,#10D	Para 10 períodos ON-OFF de 10ms
VOLTAR1:	MOV	TL0,# Byte de ordem inferior	Calcular o byte de ordem inferior e de ordem superior para um

			atraso de 10 ms. Carregar em TL0 e em TH0.
	MOV	TH0,# Byte de ordem superior	
	SETB	TR0	
NOVAMENTE2:	JNB	TF0,AGAIN2	
	CLR	TR0	
	CPL	PX.y	
	CLR	TF0	
	DJNZ	R1,BACK1	
	SJMP	REINICIAR	
	FIM		

SAÍDA :

O padrão de onda dado aparecerá no ecrã. Para o efeito, pode utilizar-se qualquer simulador. Neste trabalho, utilizámos o Keil µVision 3 para efeitos de programação. O Apêndice A contém os passos de programação para o Keil µVision 3.

Q-2] Escreva um programa para gerar duas ondas quadradas - uma de frequência de 2,5 KHz em P0.3 e outra de frequência de 5 KHz no pino P3.3. Assuma que XTAL = 11,0592 MHZ.

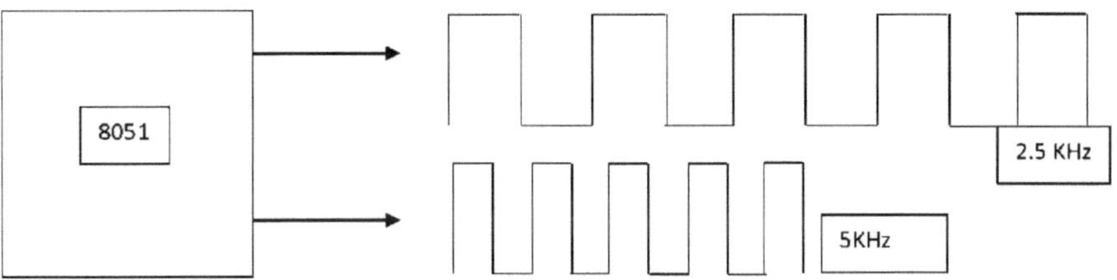

PROGRAMA:

Etiqueta	Mnemónica	Operando	Comentário
	ORG	0000H	
	LJMP	PRINCIPAL	

	ORG	000B	Localização do vetor de interrupção para o temporizador 0
	CPL	P0.3	
	RETI		
	ORG	001BH	Localização do vetor de interrupção para o temporizador 1
	CPL	P3.3	
	ORG	0030H	
PRINCIPAL	MOV	TMOD,#22H	Os temporizadores 1 e 2 estão no modo2
	MOV	IE,#padrão de bits	Carregar padrão de bits no IE para ativar interrupções para os temporizadores 0 e 1
	MOV	TH0,#Número1	Contagem de carga em TH0 para onda quadrada de 5KHz
	MOV	TH1,#Número2	Contagem de carga em TH1 para onda quadrada de 25 KHz
	SETB	TR0	Iniciar o temporizador 0
	SETB	TR1	Iniciar o temporizador 1
AQUI	SJMP	AQUI	Permanecer aqui até à desativação de qualquer um dos temporizadores
	FIM		

Q-3] WAP para gerar uma onda quadrada de 25 KHz e utilizando o analisador lógico do KEIL, calcular o erro (manualmente) no período de tempo produzido.

PROGRAMA:

Etiqueta	Mnemónica	Operando	Comentário
	ORG	0000H	
	MOV	TMOD,#10H	Temporizador1 modo0

AQUI:	MOV	TL1,#no.1	Carga n.º 1 (ordem inferior) para 25KHz
	MOV	TH1,#no. 2	Carga n.º 2 (ordem superior) para 25KHz
	CPL	P0.1	Complimentar o bit para obter uma onda quadrada
	ACALL	ATRASO	Atraso para o período de tempo da onda
	SJMP	AQUI	a onda quadrada está a gerar
ATRASO:	SETB	TR1	
NOVAMENTE:	JNB	TF1,NOVAMENTE	Espera se TF1 não estiver definido
	CLR	TR1	Parar o temporizador
	CLR	TF1	Apagar a bandeira do temporizador
	RET		
	FIM		

RESULTADO: O resultado é o seguinte.

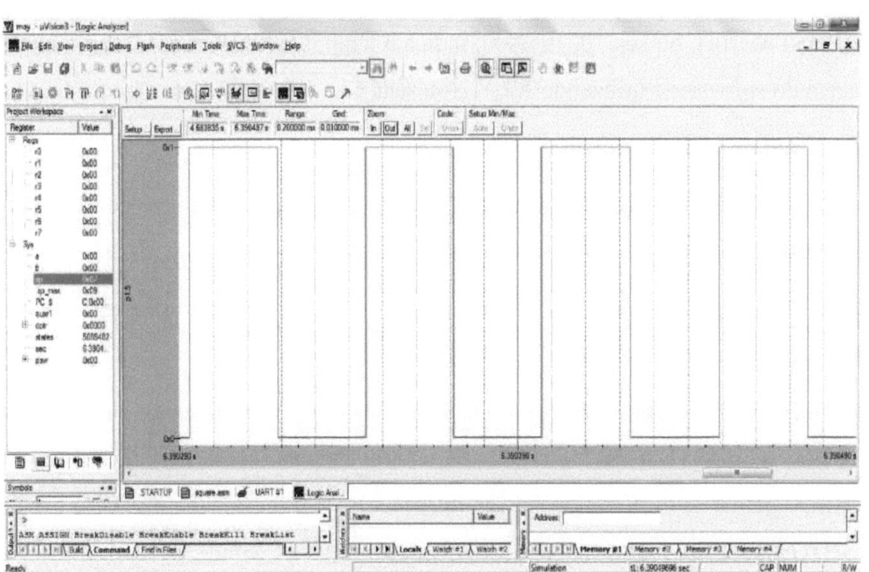

6.2 Perguntas de revisão

Q. 1: Para obter um atraso de 2 ms, que número deve ser carregado em TH, TL usando o modo 1? Suponha que XTAL= 11,0592MHz

RESP: 2ms/1.085 us=1843

Como 1843D= 0733H. Assim, guardaremos 07H em TH e 33H em TL.

Q.2: Qual é o equivalente da seguinte instrução?

"SETB TCON.6"

ANS: A instrução "SETB TR1" é equivalente à instrução acima, uma vez que o bit D6 do registo TCON contém TR1

Q. 3: O que deve ser feito para que o P3.4 possa ser utilizado como entrada para a TI e porquê?

RESP: Devemos usar a instrução "SETB P3.4" para configurar o pino TI como entrada para permitir que os clocks venham de uma fonte externa. Isto deve-se ao facto de todas as portas serem configuradas como saída após o reset.

Q. 4: Indicar a seleção feita na instrução "MOV TMOD, #20H".

RESPOSTA: 20H, ou seja, 0010 0000, indica o temporizador 1, modo 2, arranque e paragem do software, e utilizando XTAL (ou seja, 11,0592MHz) para a frequência.

Q. 5: Quando é que a TI é criada?

RESP: O bit TI é levantado quando o bit de paragem de qualquer número de 8 bits está a ser transferido.

P.6:Qual é o objetivo do registo TCON? Quais são as diferentes instruções para iniciar e parar temporizadores no registo TCON?

ANS:TCON é um registo endereçável de 8 bits. Os 4 bits superiores são usados para armazenar os bits TF e TR de ambos os temporizadores. Os 4 bits inferiores são reservados para o controlo do pino de interrupção. Podemos utilizar a instrução SETB TCON.6 para iniciar o temporizador e CLR TCON.6 para o parar

P.7:Qual é a importância do bit de sinalização RI no registo SCON do 8051?

ANS:RI é o bit D0 do registo SCON. Quando o 8051 recebe dados em série através de RxD, elimina os bits de início e de paragem e coloca o byte no registo SBUF. Aumenta o bit de sinalização RI para indicar que um byte foi recebido e deve ser recolhido antes de se perder e RI é aumentado a meio do bit de paragem.

P.8:Qual é a função do bit REN do registo SCON?

RESP: O REN é o bit D4 do registo SCON. Quando está alto, permite que o 8051 receba dados no pino RxD. REN deve ser definido como 1 para receber e transmitir dados. Se REN=0, o recetor é desativado.

P.9:Qual é o modo de ativação predefinido do 8051 após a reinicialização?

RESP:Uma interrupção activada por nível ou activada por nível é o modo de disparo predefinido após a reinicialização do 8051.

P.10:De que forma é que o modo 2 de programação é diferente do modo 0 e do modo 1?

ANS-Nos modos 0 e 1, o recurso ao recarregamento automático não está disponível, ao passo que no modo 2 está disponível.

P.11:Como se pode duplicar a taxa de transmissão do 8051.

ANS-Utilizando o registo PCON. Se SMOD estiver definido para 1, então a taxa de transmissão pode ser duplicada porque, ao definir 1, a UART interna dividirá a frequência por 16 e não por 32.

Q12:Descrever brevemente o papel do temporizador 1 na comunicação em série.

ANS-Timer1 na comunicação em série é utilizado para decidir a velocidade de transmissão ou receção de dados.

P.13:Qual é a vantagem das interrupções em relação ao método de sondagem?

ANS - No método de sondagem, o controlador monitoriza continuamente o estado do dispositivo, enquanto que na interrupção, o controlador pode fazer o seu trabalho até que a interrupção seja efectuada. Através da interrupção, servimos muitos dispositivos por prioridades e não há perda de tempo.

P.14:Como é atribuída a prioridade de interrupção? Como é que pode ser alterada?

ANS-_ A prioridade das interrupções é atribuída da seguinte forma:INT0>TI0>INT1>TI1>ES.

Pode ser alterado utilizando o REGISTO DE PRIORIDADE DE INTERRUPÇÃO.

6.3 Perguntas de exercício

Q-1] Se (i) C/T=0 e (ii) C/T=1, qual será a fonte para fornecer impulsos de relógio ao 8051 ref. 2]?

Ans:

Q-2] No modo 2, o contador é rolado quando o contador passa de _______ para [ref. 2].

Ans:

Q-3] Para obter um atraso de 4 ms, que número deve ser carregado em TH, TL usando o modo 1? Suponha que XTAL = 11,0592MHz

Ans:

Q-4] Indique o nome do registo que tem o bit SMOD. Quando o 8051 é ligado, qual será o valor do bit SMOD [ref. 2]?

Ans:

Apêndice A

KEIL µVISION 3

PASSOS DE PROGRAMAÇÃO

Esta secção apresenta os passos necessários para executar um programa (escrito em linguagem de montagem para o 8051) no software Keil µvision 3 [4].

1) Clique em Keil µvision 3 e verá esta janela:

2) Vai ao menu do projeto e seleciona "NEW µvision project". Depois de abrir essa janela, clique em voltar e crie uma nova pasta (porque quando criamos um programa e o executamos, são criados 7-8 ficheiros, pelo que criar uma pasta é muito sistemático) e dê-lhe um nome. Depois, abra-a, escreva o nome do projeto e guarde-a. Ao fazer isto, terá uma janela como esta:

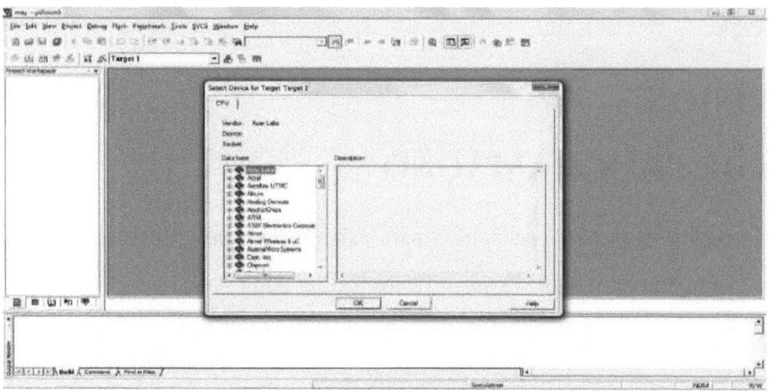

3) Selecione o nome do microcontrolador para o qual vai programar (neste laboratório, normalmente incluímos ATMEL ÷ AT89C51RD2) e clique em "ok". Aparecerá uma janela com a mensagem "COPY STANDARD 8051 STARTUP CODE AND ADD FILE TO PROJECT". Clique em "yes" (sim).

4) Vá ao menu Ficheiro e clique em "Novo" (ou por atalho). Aparecerá esta janela:

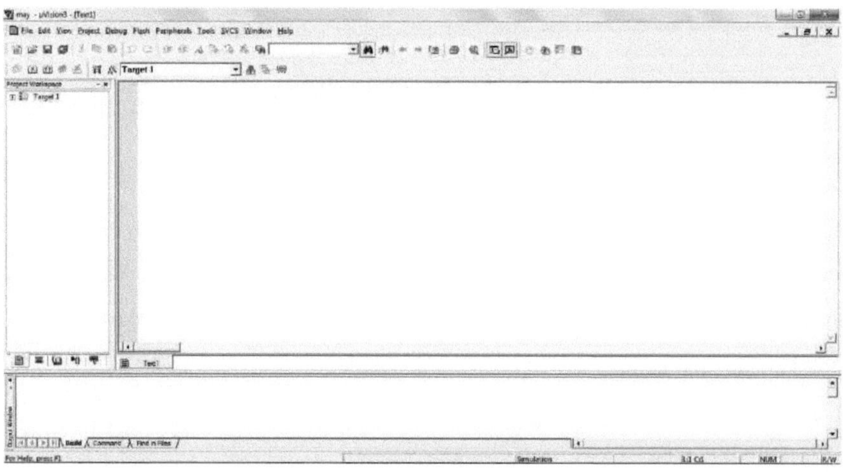

5) Vá ao menu Ficheiro e clique em "Guardar". Certifique-se de que o vai guardar na pasta que criou no 2º segundo passo. Guarde este ficheiro com o seu tipo de ficheiro "asm", escrevendo na barra de nomes de ficheiros "filename.asm" (ou seja, uma.asm) e guarde-o.

6) Agora terá a janela do seu programa. Comece a escrever esse programa e veja a

diferença entre as cores das etiquetas, mnemónicas e dados. Se não aparecer assim, indica que não seguiu os passos acima corretamente (não incluiu ficheiros de arranque ou não o guardou com o tipo de ficheiro ".asm" ou incluiu um microcontrolador que não tinha ficheiro de arranque no KEIL).

7) Depois de completar o programa, guarde-o novamente. Em seguida, veja o espaço de trabalho do projeto apresentado no lado esquerdo (se não o encontrar, vá ao menu Ver e clique em "Janela do projeto"). Clique no sinal "+" e revele o conteúdo de target1. Clique com o botão direito do rato no grupo de origem 1 e selecione "adicionar ficheiros ao grupo de origem 1". Aparecerá uma janela, na qual basta selecionar o ficheiro asm (ou seja, mayank.asm) e clicar em "add" (o ficheiro asm será adicionado ao grupo de origem 1). Fecha esta janela.

8) Clique na opção "build target" (que se encontra logo acima do espaço de trabalho do projeto ou vá ao menu do projeto e selecione "build target"), que irá compilar o seu programa e mostrar os erros e avisos. Se quiser saber onde está o erro, basta clicar na mensagem de erro mostrada na janela de saída. O cursor será transferido para esse erro para que o possas corrigir. Mas, no caso dos avisos, não tens essa possibilidade, tens de ser tu a corrigir.

9) Remova todos os erros e avisos através da correção no programa (*** certifique-se de que está a verificar os erros construindo o alvo repetidamente só depois de o guardar, porque o alvo só é construído a partir do programa guardado e não do que é mostrado no ecrã***).

10) Se estiver a utilizar a porta série para Rx/Tx, tem de sincronizar a frequência do microcontrolador com a frequência da sua CPU. Para a ajustar. Clique em "options for target" (opções para o alvo) (indicado à direita no atalho "build target"). Irá ver esta janela :

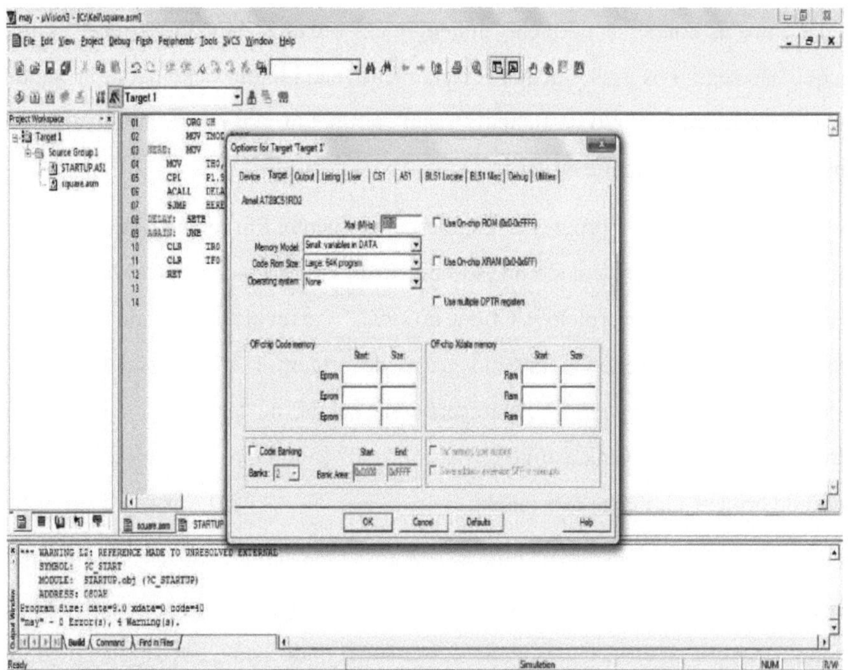

Ajustar a frequência do cristal em 11,0592 MHz. Se quiser criar um ficheiro hexadecimal para o seu programa, clique em output÷create hex file e depois em "ok". Clicar em "build target", o ficheiro hexadecimal que é essencial para ligar um hardware ao microcontrolador será criado.

11) Para depurar este programa, clique na opção iniciar/parar sessão de depuração (apresentada na barra de ferramentas de atalhos junto ao atalho de impressão ou no menu de depuração), o que lhe dará uma janela como esta:

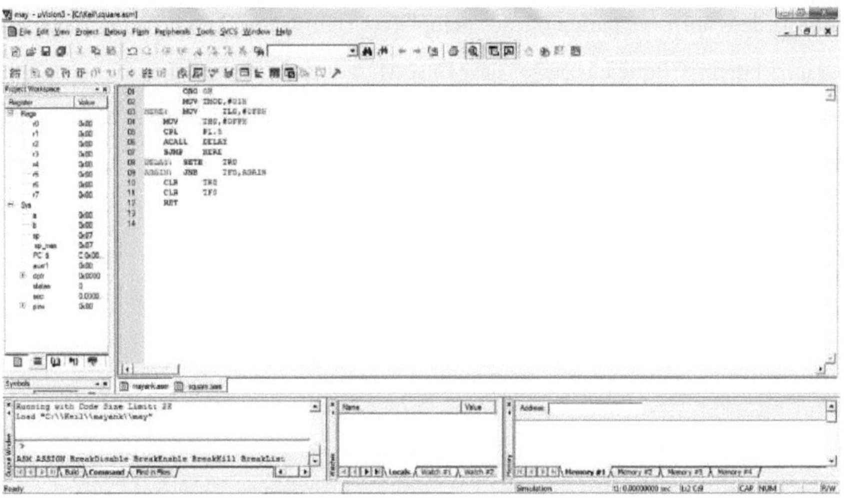

12) Para executar o seu programa, clique em "run" (executar), que se encontra logo acima da área de trabalho do projeto. Esta é uma execução infinita. Pode executá-lo clicando em "step into", "step over" ou "step out", de acordo com as suas necessidades (para conhecer estas opções, vá à ajuda).

13) Na janela do projeto, obtém todos os resultados em registos e em SFRs.

14) Se quiser saber o valor armazenado numa determinada localização, abra a janela de observação, acedendo ao menu de visualização e, em seguida, na janela de observação, clique em watch#1. Prima F2 e escreva essa localização de memória (etiquetas para alguns registos também). Execute o seu programa e terá os valores relacionados com essa localização de memória nesta janela.

15) Para conhecer o mapa de memória, vá ao menu Ver e clique na janela de memória. Aqui pode ver todo o mapa de memória e também pode armazenar valores em diferentes locais para esta sessão de depuração (após cada sessão de depuração, estes valores são limpos automaticamente).

16) Se pretender ver graficamente o estado da porta ou de um pino específico do microcontrolador, aceda ao menu de visualização e abra "logic analyzer" (ou por atalho).

17) Depois de o abrir, vá para a opção "setup" (configuração). Ao clicar nesta opção, aparece uma janela. Clique na opção "new (insert)" e digite o nome da porta ou o nome do pino (ou seja, P1 ou P1.5) e feche-a. Execute este programa e terá uma análise lógica para essa porta em particular ou para o pino da seguinte forma:

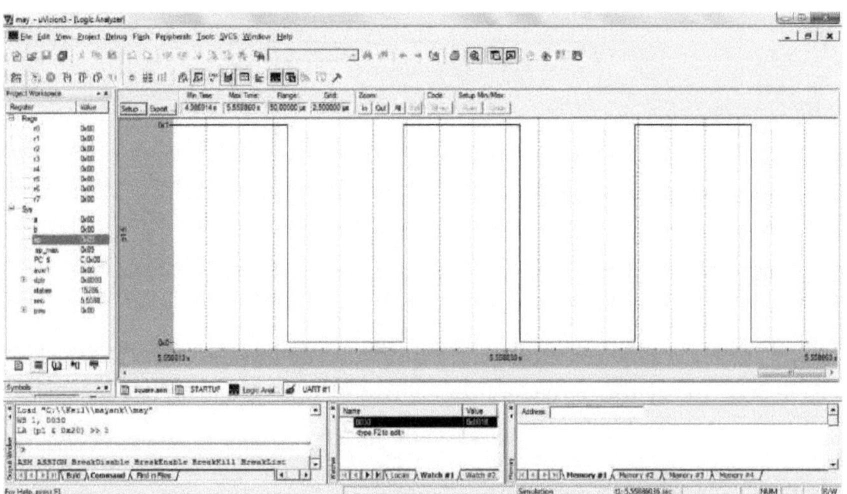

18) Se pretender utilizar a janela UART para a transmissão e receção em série, vá ao menu View e clique em SERIAL^ UART#1 (quando enviamos alguns dados para outro hardware, escrevemo-los, mas não aparecem nesta janela UART, só podem ser vistos nesse hardware).

19) Se pretender executar uma parte específica do programa ou se pretender ver os resultados após a execução de uma parte específica, utilize os pontos de interrupção (fornecidos no menu de depuração). Basta marcar os pontos de interrupção (será mostrada uma marca vermelha) na linha do programa até à qual pretende executar o programa, fazendo duplo clique nessa linha (ou acedendo ao menu de depuração) e, em seguida, executar o programa.

20) São fornecidas diferentes janelas para mostrar o estado dos temporizadores e das portas. Para as ver, vá para os periféricos e clique naqueles cujo estado pretende conhecer.

Apêndice B

Registos de funções especiais

Nesta secção, são apresentados vários registos de funções especiais com o seu formato e descrição [1-3].

(i) Registo do temporizador (válido tanto para o registo do temporizador 0 como para o registo do temporizador 1)

TH0 ou TH1

D15	D14	D13	D12	D11	D10	D9	D8

TL0 ou TL1

D7	D6	D5	D4	D3	D2	D1	D0

(ii) Registo TMOD

GATE	C/T	M1	M0	GATE	C/T	M1	M0

O nibble de ordem inferior de TMOD é para o temporizador 0 e o de ordem superior é para o temporizador 1.

M0 e M1 indicam o modo do temporizador. Para o modo 0, o padrão de bits 01 é carregado nos bits M1 e M0, enquanto que para o modo 2, o padrão de bits 10 é carregado. C/T seleciona a utilização do temporizador ou do contador. Para a aplicação do temporizador, este bit é escolhido como 0, enquanto que para a aplicação do contador é escolhido como 1. O bit Gate indica o controlo externo do temporizador/contador. Se for definido como 1, através do pino externo 3.2 (para o temporizador/contador 0) e do pino externo 3.3 (para o temporizador/contador1) podemos ligar/desligar o temporizador/contador.

(iii) Registo SBUF

Este registo é um registo de 8 bits que é utilizado para receber ou transmitir dados em série.

(iv) Registo SCON

SM0	SM1	SM2	REN	TB8	RB8	TI	RI

Os bits SM0 e SM1 são utilizados para especificar o modo de série. Para dados de 8 bits, 1 bit de arranque e 1 bit de paragem, é carregado com o padrão de bits 01 em SM0 e SM1. Para multiprocessador, SM2 é mantido como 1, caso contrário 0. REN é a ativação de receção, tem de ser definido para 1, para que a porta série funcione em modo duplex. TB8 e RB8 estão desactivados. TI significa interrupção de transmissão, que é definida pelo 8051 quando termina a tarefa de transmitir um carácter de 8 bits a partir de SBUF. Do mesmo modo, RI significa interrupção de receção, que é activada pelo 8051 quando termina a tarefa de receber um carácter de 8 bits no SBUF.

(v) Registo PCON

O registo PCON é também um registo de 8 bits. O bit D7 de PCON representa SMOD. Para duplicar a taxa de transmissão, o bit SMOD deve ser definido como 1.

(vi) Registo IE

EA		ET2	ES	ET1	EX1	ET0	EX0

O registo de ativação de interrupção (IE) é utilizado para ativar as interrupções disponíveis no 8051. O bit EX0 representa a interrupção externa 0, o ET0 o temporizador 0, o EX1 a interrupção externa 1, o ET1 o temporizador 1, o ES a comunicação em série, o ET2 o temporizador 2 (para o microcontrolador 8052) e o EA a ativação de todos. Quando EA=1, qualquer interrupção pode ser activada definindo esse bit de interrupção como 1. Se EA=0, nenhuma interrupção será reconhecida.

(vii) Registo TCON

TF1	TR1	TF0	TR0	IE1	IT1	IE0	IT0

O nibble de ordem superior contribui para a aplicação do temporizador. Para ativar o temporizador, o bit TR1 é definido e, para o temporizador 0, o bit TR0 é definido. Os bits TF1 e TF0 indicam o estado do sinalizador para o temporizador 1 e o temporizador 0, respetivamente.

No nibble de ordem inferior de TCON, IT1=1 e IT0=1 fazem com que as interrupções externas1 e 0 sejam interrupções acionadas por um limite, respetivamente. Por defeito (aquando da reinicialização do sistema), estas interrupções são acionadas por nível. Os bits IE0 e IE1 mantêm o registo das interrupções externas desencadeadas por um limite, ou seja, INT0 e INT1. Para as interrupções externas acionadas por um extremo em serviço, o bit respetivo é ativado e, após a conclusão da interrupção, este bit é reposto.

(vii) Registo IP

		PT2	PS	PT1	PX1	PT0	PX0

Por defeito, a prioridade das interrupções (por ordem decrescente) para o 8051 é a seguinte [2]:

1. Interrupção externa 0
2. Interrupção do temporizador 0
3. Interrupção externa 1
4. Interrupção do temporizador 1
5. Comunicação em série

Para alterar esta prioridade por defeito, utiliza-se o registo IP (prioridade de interrupção). O bit PX0 é para a interrupção externa 0, o bit PT0 é para a interrupção do temporizador 0, o PX1 é para a interrupção externa 1, o bit PT1 é para a interrupção do temporizador 1 e o bit PS é para a comunicação em série. Ao definir o respetivo bit, podemos atribuir alta prioridade a essa interrupção, mas se forem definidos simultaneamente mais do que um bit de interrupção, a prioridade por defeito entra em cena. Por exemplo, se PT1 e PX1 forem 1, a ordem de prioridade será a seguinte (em ordem decrescente)

1. Interrupção externa 1
2. Interrupção do temporizador 1
3. Interrupção externa 0
4. Interrupção do temporizador 0
5. Comunicação em série

No microcontrolador 8052 é utilizado o bit PT2.

Nota: Exceto o registo PCON, todos os registos de funções especiais, acima referidos, são endereçáveis por bit .

Referências:

1. M. Ali Mazidi, J.G. Mazidi, Rolin D. McKinlay, "The 8051 Microcontroller and Embedded System", Segunda Edição, 2009, Pearson Education.

2. S. Ghoshal, "8051 Microcontroller-Internal, Instructions, Programming and Interfacing", Pearson.

3. A. Desdhmukh, "Microcontroller Theory and Applications", 2009, Tata McGraw Hills.

4. Manual de instruções da KEIL µVISION 3.

Printed by Books on Demand GmbH, Norderstedt / Germany